Florian Bühler, Julian Richli

Widerstand von umströmten Körpern und Druckvertei-
lung um Zylinder

Aerodynamischer Bericht

GRIN Verlag

Bibliografische Information der Deutschen Nationalbibliothek:

Die Deutsche Bibliothek verzeichnet diese Publikation in der Deutschen National-
bibliografie; detaillierte bibliografische Daten sind im Internet über http://dnb.d-
nb.de/ abrufbar.

Impressum:

Copyright © 2012 GRIN Verlag GmbH
Druck und Bindung: Books on Demand GmbH, Norderstedt Germany
ISBN: 978-3-656-57563-4

Dieses Buch bei GRIN:

http://www.grin.com/de/e-book/262192/widerstand-von-umstroemten-koerpern-
und-druckverteilung-um-zylinder

GRIN - Your knowledge has value

Der GRIN Verlag publiziert seit 1998 wissenschaftliche Arbeiten von Studenten, Hochschullehrern und anderen Akademikern als eBook und gedrucktes Buch. Die Verlagswebsite www.grin.com ist die ideale Plattform zur Veröffentlichung von Hausarbeiten, Abschlussarbeiten, wissenschaftlichen Aufsätzen, Dissertationen und Fachbüchern.

Besuchen Sie uns im Internet:

http://www.grin.com/

http://www.facebook.com/grincom

http://www.twitter.com/grin_com

AERO

Laborbericht

Widerstand von umströmten Körpern und Druckverteilung um Zylinder

1. Widerstand von umströmten Körpern

1.1 Einleitung

Um die Nachlaufdelle eines Flügelprofils zu messen, machen wir uns den Impulserhaltungs-
satz zunutze. Wir messen den Gesamtdruck sowie den statischen Druck um das Flügelprofil.
Mithilfe dieser zwei Drücke können wir den dynamischen Druck berechnen. Mit dem dynamischen Druck können wir die Geschwindigkeit um das Profil berechnen, und mit dieser wei-
terhin den Impuls um das Profil. Mit dem Unterschied zwischen dem Impuls hinter dem Profil
und dem „free stream" können wir den Widerstandsbeiwert, oder auch c_D-Wert berechnen.

1.2 Theorie

Die Formeln für den Widerstandsbeiwert und den dynamischen Druck lauten wie folgt.

$$c_D = \frac{F_D}{p_{dyn} * S}$$

$$p_{dyn} = p_{ges} - p_{stat}$$

Der Gesamtdruck sowie der statische Druck können vom Wassermanometer abgelesen und
umgerechnet werden.

$$p = \rho_{Wasser} * 9.81 \, {}^m/_{s^2} * h * Korrekturfaktor$$

Den dynamischen Druck formen wir nach der Geschwindigkeit um und erhalten so die Ge-
schwindigkeiten um das Profil und im „free stream".

$$v = \sqrt{\frac{2 * p_{dyn}}{\rho}}$$

Nun fehlt uns zur Berechnung des Widerstandbeiwertes nur noch die Widerstandskraft F_D.
Durch integrieren der Impulsstärke des „free streams" und der Windgeschwindigkeit mit Flügelprofil, ergibt sich die Formel für die Widerstandskraft.

$$F_D = h_{Windkanal} * \left[\left(\int_{-b}^{b} v^2 * \rho - p_{ges} \right)_{ohne \, Profil} - \left(\int_{-b}^{b} v^2 * \rho - p_{ges} \right)_{mit \, Profil} \right]$$

1

Diese Widerstandskraft setzen wir nun in die Formel für den c_D-Wert ein und erhalten den Widerstandsbeiwert für das Flügelprofil.

Der Widerstandsbeiwert kann auch direkt aus den Drücken und den Ausmassen des Flügelprofils berechnet werden.

$$c_D = 2 * \int_{-b}^{b} \sqrt{\frac{p_{ges,prof} - p_{stat,free}}{p_{ges,free} - p_{stat,free}}} * \left(1 - \sqrt{\frac{p_{ges,prof} - p_{stat,free}}{p_{ges,free} - p_{stat,free}}} \right) \frac{dy}{c}$$

1.3 Ergebnisse

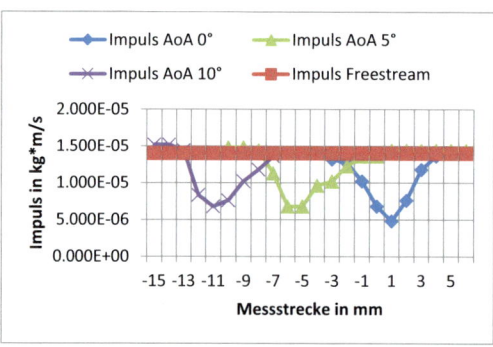

Diagramm 1.1: Impulsdiagramm zur Darstellung der Nachlaufdelle.

In Diagramm 1.1 zeigt sich die Nachlaufdelle in Form eines Impulsverlustes. Je nach Anstellwinkel befindet sich der Impulseinbruch an einer anderen Stelle. Dieser Impulsverlust führt nun zur Widerstandskraft des Flügelprofils.

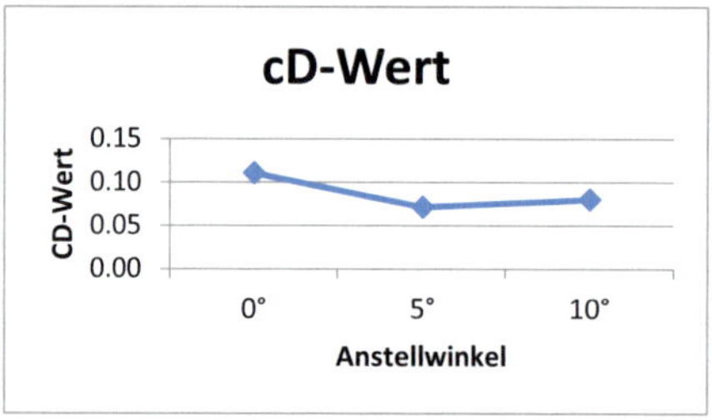

Das Diagramm 1.2 zeigt den Verlauf des Widerstandsbeiwertes in Abhängigkeit des Anstellwinkels. Verwunderlich ist, dass der c_D-Wert von 0° auf 5° Anstellwinkel zuerst abnimmt, bevor er wieder ansteigt, jedoch sind Messungsfehler von der Anlage und fehlende Dezimalstellen in den Berechnungen zu berücksichtigen, die

Diagramm 1.2: Widerstandsbeiwert in Abhängigkeit zum Anstellwinkel. das Resultat verfälschen können.

1.4 Diskussion

Zu beachten ist, dass „S" in Formel 1 die Flügelfläche und nicht nur die Angriffsfläche darstellt. Ebenso kann das Ablesen vom Wassermanometer zu geringfügigen Messfehlern führen, da die Anzeige des Wasserstandes nicht absolut genaue Werte angibt. Die Berechnung der Widerstandskraft über die Nachlaufdelle ist eine Möglichkeit, aber eher kompliziert im Gegensatz zur Berechnung des Widerstandes mittels Laufwaage und Hebelgesetz. Die Widerstandsbeiwerte liegen im plausiblen Bereich, liefern aber keine weitreichende Grafik. Die Messung der Nachlaufdelle bei jedem Anstellwinkel hat es uns nur erlaubt drei verschiedene Anstellwinkel zu untersuchen.

2. Druckverteilung um einen zylindrischen Widerstandskörper

1.1 Einleitung

Das Ziel dieses Versuchs besteht darin die theoretische reibungsfreie Druckverteilung mit der gemessenen Druckverteilung um einen Zylinder zu vergleichen. Wir verwenden dazu einen Zylinder, der eine Einlass-Öffnung in seiner Oberfläche hat, mit der man den totalen Druck messen kann. Durch drehen dieses Zylinders bekommt man nun verschiedene Messungen an unterschiedlichen Positionen rund um den Zylinder.

1.2 Theorie

Man kann theoretisch sagen dass bei einem idealen Gas keine Reibung vorhanden ist. Deswegen fällt die Reynoldszahl unendlich gross aus.

$$Re_x = \frac{\rho * V_\infty * x}{\mu} \rightarrow \infty$$

Bei einem idealen Gas treten keine Turbulenzen auf und die Strömung haftet am umströmten Körper bis sie sich auf der Rückseite des Körpers wieder ablöst. Dadurch entstehen auch keine Nachlaufturbulenzen hinter dem Körper welche Widerstand verursachen könnten Dies ist nur möglich da ein ideales Gas keine Viskosität aufweist und somit keine Energie abhanden kommt (Abb. 1). In einem realen Gas bildet sich eine Grenzschicht, welche sich je nach grösse der Reynoldszahl früher oder später ablöst. Hinter dem umströmten Körper bilden sich Nachlaufturbulenzen, welche die Eigenschaft des Widerstands mit sich bringen (Abb. 2).

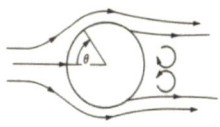

Abb. 2: theoretisch unendliche Reynoldszahl bei idealem Gas

Abb. 1: praktisch endliche Reynoldszahl in realen Gas

Quelle: http://www.aerospaceweb.org/question/aerodynamics/q0215.shtml

Um den Druck um den Zylinder zu ermitteln, messen wir den totalen Druck an der Zylinderöffnung und den statischen Druck. Die Differenz zwischen diesen beiden Drücken stellt den massgebenden dynamischen Druck dar.

$$p_{dyn} = p_{tot} - p_{stat}$$

3

1.3 Ergebnisse

Anhand der gemessenen Daten, welche der Grafik 2 zu entnehmen sind, kann man erkennen wie der Druck zwischen 0° und 75° stetig abnimmt und schlussendlich in einem Unterdruck resultiert.

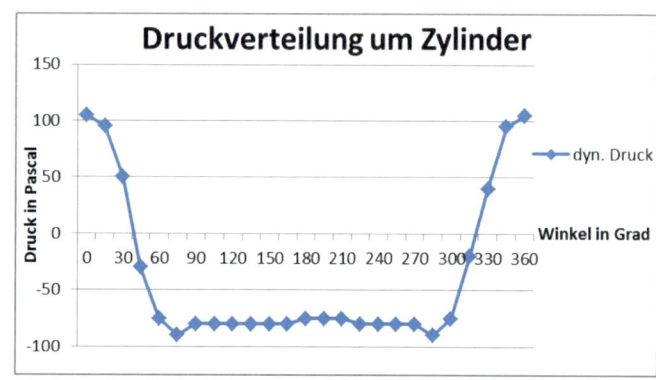

Diagramm 2: Druckverteilung auf der Oberfläche eines Zylinders in Abhängigkeit des Winkels

Wobei sich die Strömung bei letztgenannten Punkt ablöst. Die Druckabnahme ist auf die ansteigende Strömungsgeschwindigkeit in diesem Abschnitt zurückzuführen. Anschliessend nimmt der Druck wieder etwas zu und bleibt ungefähr gleich bis er bei 270° nochmals etwas abnimmt und dann wieder bei der Vorderseite des Zylinders auf seinen Anfangswert zurückgeht.

1.4 Diskussion

Wenn man nun die theoretisch reibungsfreie mit der gemessenen Druckverteilung vergleicht sind klare Unterschiede zu erkennen. Bei der reibungsfreien Druckverteilung herrscht auf der Rückseite des Zylinders (180°) derselbe Druck wie auf der Vorderseite (0°) und auf der Oberseite derselbe wie auf der Unterseite (Abb. 3). Dies wiederspiegelt das Paradoxon von d'Alembert, welches sich aus dem Energieerhaltungssatz herleiten

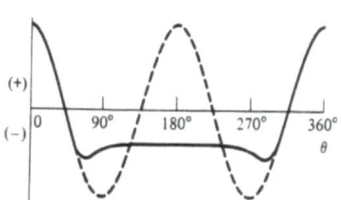

Abb. 3: theoretisch reibungsfreie Druckverteilung (durchgezogene Linie) im Vergleich zur praktischen Druckverteilung

lässt. Deswegen existiert auch kein Widerstand bei einem reibungsfreien Zylinder, da auf der Vorder- und Rückseite derselbe Druck herrscht. Bei den gemessenen Werten hingegen sieht die Druckverteilung anders aus. Folglich muss sich also die Strömung bei 75° und 270° vom Zylinder ablösen. Dadurch bilden sich Nachlaufturbulenzen, welche zu einem Unterdruck auf der Rückseite des Zylinders führen. Da wir auf der Vorderseite einen Überdruck verzeichnen resultiert das in einem erhöhten Widerstand auf den Zylinder im Luftstrom. Würde sich die Strömung infolge einer Erhöhung der Reynoldszahl später vom Körper ablösen, könnte man mit einem kleineren Widerstand rechnen. Eventuelle Abweichungen sind auf Messungenauigkeiten zurückzuführen.